Sitzungsberichte
der Heidelberger Akademie der Wissenschaften
Mathematisch-naturwissenschaftliche Klasse
Jahrgang 1930. 9. Abhandlung.

Sphärische und hyperbolische Vielecke

Von

Ernst Roeser
in Bottrop.

Mit 6 Figuren im Text.

Vorgelegt durch Herrn Rosenthal am 18. Juli 1930.

Berlin und Leipzig 1930

Walter de Gruyter & Co.

vormals G. J. Göschen'sche Verlagshandlung / J. Guttentag, Verlagsbuchhandlung / Georg Reimer / Karl J. Trübner / Veit & Comp.

Sphärische und hyperbolische Vielecke.

§ 1.

Die folgenden Untersuchungen dienen der weiteren Klärung und Verallgemeinerung des Problems der komplementären Figuren in den beiden Geometrien. Was wird zunächst aus dem Gauss'schen Pentagramm, wenn man zu höherer Seitenzahl übergeht? Die Verallgemeinerung bietet keine Schwierigkeiten, wenn man nicht die drei-rechtwinkligen Stumpfecke als zugeordnete Figuren betrachtet, sondern die Vierecke mit einspringenden Ecken, die sich dem Fünfeck anschmiegen; auch sie enthalten alle fünf Stücke. Mit anderen Worten: komplementäre Figuren seien die, welche das innere Polygon zum Zweieck ergänzen. Die Fig. 1 für das Siebeneck verdeutlicht, was gemeint ist.

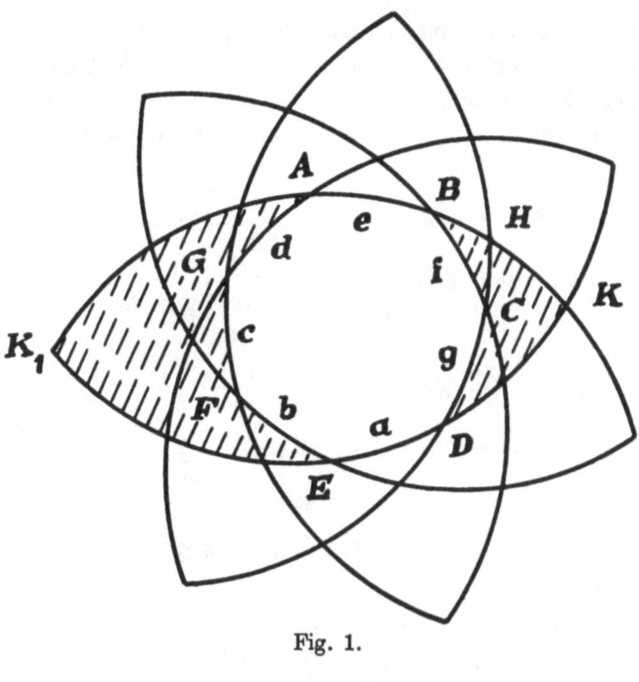

Fig. 1.

Für die Innenfigur ist jede Ecke Pol der Gegenseite. Man sieht ohne weiteres, daß dann jede Seite das Supplement zum Gegenwinkel ist. Es gibt hier zwei Arten von Diagonalen, nur die größeren sind gleich $\frac{\pi}{2}$. Durch Verlängern zweier Seiten, die durch eine getrennt sind, entsteht das überschlagene Siebeneck erster Ordnung, seine Ecken sind Pole zu den kleinen Diagonalen, denn die Verbindungslinie zweier Punkte ist Polare zum Schnittpunkt der Polaren der beiden Punkte. Die Ecken der überschlagenen Siebenecke zweiter und dritter Ordnung haben die Diagonale $\frac{\pi}{2}$ gemeinsam als Polare, sie sind also rechtwinklig. Alle Siebenecke lassen sich in einem Zug zeichnen. Die schraffierten Figuren in Abb. 1 enthalten beide alle sieben Stücke des Polygons, sind also komplementär. Das Ganze sei als Komplementärkomplex bezeichnet. Sei die Summe aller Seiten des Polygons gleich u, so ist die Summe seiner Winkel $7\pi - u$, also der Inhalt:

$$i = 7\pi - u - 5\pi.$$

$$i + u = 2\pi. \tag{1}$$

Um den Inhalt vom ganzen Komplex zu erhalten, ist von den sieben Zweiecken, also von 7π das innere Siebeneck sechsmal abzuziehen, die Vierecke dagegen je zweimal, denn sie treten erstens einzeln auf, zweitens gehört jedes zwei benachbarten Fünfecken als Teil an (Figur).

$$\text{Viereck } BCDK = b + d + \pi + c + \frac{\pi}{2} - 2\pi = d + b + c - \frac{\pi}{2}.$$

Der Inhalt aller Vierecke:

$$i_1 = 3u - \frac{7}{2}\pi.$$

Daher der ganze Komplex:

$$\mathrm{I} = 7\pi - 6i - 2i_1 = 7\pi - 6(2\pi - u) - 2\left(3u - \frac{7}{2}\pi\right).$$

$$\mathrm{I} = 2\pi. \tag{2}$$

Die Formeln 1 und 2 gelten für jedes n (n ungerade).

Der Beweis ist analog.

Als Beziehung zwischen den Seiten des Siebenecks findet man dadurch, daß BD zweimal ausgedrückt wird, einmal im Dreieck DKB, dann im Dreieck DCB:

$$\sin a \sin e = \cos f \cos g - \sin f \sin g \cos c. \tag{3}$$

Die zwei Gleichungen des Fünfecks ergeben sich hieraus zur Bestätigung: Wenn man eine Seite Null werden läßt, dann wird gleichzeitig der gegenüberliegende Winkel π.

Die Verallgemeinerung auf $n = 2m + 1$ bietet keinerlei Schwierigkeiten. Wie hier beim Siebeneck die komplementären Figuren gebildet werden durch die überschlagenen Siebenecke zweiter und dritter Ordnung, so sind es beim $(2m + 1)$-Eck die überschlagenen Polygone $(m - 1)$ter und $m$ter Ordnung.

Bei zunehmendem n nähern sich die Polygone immer mehr dem Kreise mit dem Durchmesser $\frac{\pi}{2}$ (große Diagonale). Im Grenzfall ergibt sich ein Kreis mit dem Radius $\frac{\pi}{4}$, der von unendlich vielen Zweiecken mit dem Winkel $\frac{\pi}{2}$ umhüllt wird, es wird also gerade die Halbkugel bedeckt. Dieser Radius $\frac{\pi}{4}$ muß sich aus Gleichung 1 ergeben, wenn darin i und u als Kreisinhalt und Umfang angesehen werden. Also:

$$4\pi \sin^2 \frac{r}{2} + 2\pi \sin r = 2\pi$$

$$2 \sin^2 \frac{r}{2} = 1 - \sin r, \text{ in der Tat:}$$

$$r = \frac{\pi}{4}.$$

Die Erweiterung des Begriffes komplementärer Figuren beruht auf der Auffassung, diejenigen Figuren in Betracht zu ziehen, die das Stammpolygon zum Zweieck ergänzen, also beim Fünfeck neben dem Dreieck nicht das Stumpfeck, sondern das Viereck mit einer einspringenden Ecke.

§ 2. Hyperbolische rechtwinklige Polygone.

Den polaren Vielecken entsprechen hier die rechtwinkligen Vielecke ungerader Seitenzahl. Ihre Zusammenhänge mit den komplementären Figuren werden vermittelt durch nullwinklige Polygone. Das ist verständlich, denn den sphärischen Geraden der Länge π entsprechen unendlich lange Gerade.

Es sei gegeben eine Figur mit acht rechten Winkeln und vier Winkeln Null, man kann auch sagen mit vier imaginären Winkeln (gemeinsame Lote) und vier Winkeln Null.

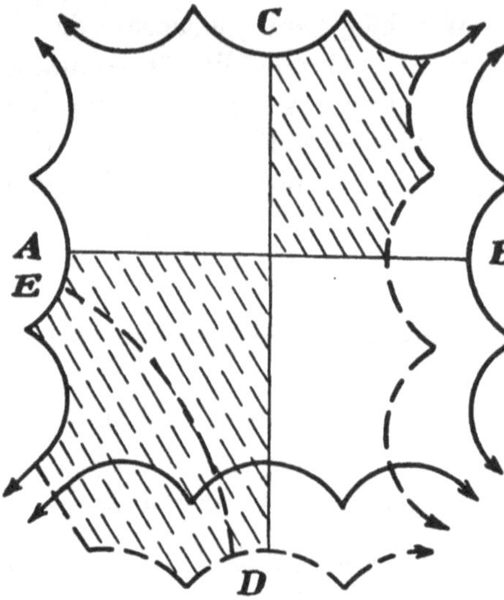

Fig. 2.

Wenn jetzt die rechte Kante senkrecht zu AB verschoben wird, so schneidet sie oben und schneidet ein Sechseck mit fünf rechten Winkeln ab. Zu ihm gehört komplementär das Siebeneck, das links unten entsteht, wenn man die untere Kante senkrecht zu CD so weit verschiebt, bis an der rechten unteren Ecke wieder der Winkel Null entsteht; es bildet sich dann nämlich links die gemeinsame Senkrechte. Die Beziehungen zwischen den Stücken des Sechs- und Siebenecks sind allerdings nicht so einfach wie die zwischen Fünf- und Viereck in der Figur des rechtwinkligen Fünfecks[1]). Man kommt nicht aus mit der Beziehung zwischen Lot und Parallelstrecke, sondern es ergeben sich Gleichungen, welche immer drei Größen enthalten und von denen die Gleichung zwischen a und $\alpha = \Pi(a)$ ein Spezialfall ist.

Die Gleichung für das Siebeneck ergibt sich ähnlich wie in der Sphärik durch Zerlegung in ein rechtwinkliges Fünf- und Sechseck. Die in der Figur angedeutete gemeinsame Senkrechte EF wird zweimal ausgedrückt. Man kann auch erst die Gleichung

[1]) ROESER: Sphär. u. hyperb. Fünfecke. Heidelb. Berichte 1929, 10. Abh.

für ein Viereck mit einem rechten Winkel aufstellen (Zerlegung in zwei Dreiecke) und dann die drei anderen Winkel durch Senkrechte ersetzen, d. h. imaginär werden lassen.

Wir können jetzt wieder den Komplementärkomplex in der üblichen Projektion auf die Kugel zeichnen. Er läßt sich natürlich wieder in einem Zuge beschreiben.

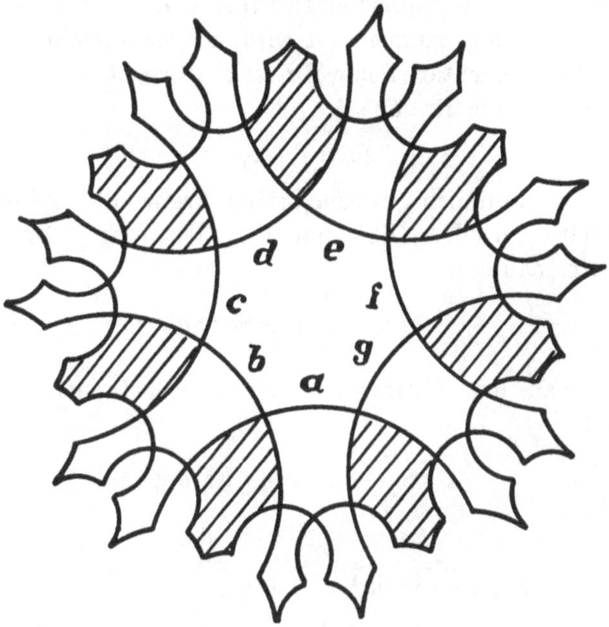

Fig. 3.

Die Gleichung lautet:

$$sh\ f\ sh\ g = -ch\ b\ ch\ d + sh\ b\ sh\ d\ ch\ c.$$

Der sphärischen Gleichung gegenüber findet eine Vertauschung der Seiten statt ähnlich wie beim Fünfeck.

§ 3. Zugeordnete Figuren und elliptische Funktionen.

Sei $u = F(a) = \int\limits_0^a \frac{d\,a}{\sqrt{1 - k^2 \sin^2 a}}$, so gelten bekanntlich nebeneinander die Gleichungen:

(1) $$F(a) - F(\beta) = F(\gamma) \text{ und}$$

(2) $$\cos a \cos \beta + \sin a \sin \beta\, \Delta\, \gamma = \cos \gamma.$$

Setzt man $\alpha = am\ u$, $\beta = am\ v$, so ist $\gamma = am\ (u - v)$.

Ferner sei

$$\Delta\ \gamma = \cos\ \nu, \text{ dann folgt:} \tag{3}$$

$$k = \frac{\sin\ \nu}{\sin\ \gamma} \tag{4}$$

und ν ist der Winkel des sphärischen Dreiecks $\alpha\ \beta\ \gamma$. Die Gleichungen behalten einen Sinn, wenn $k > 1$ wird, wie man leicht zeigt, wenn man zum Supplementär-(Polar-)Dreieck übergeht.

Durch die Substitution:

$$\sin\ \alpha = i\ tg\ a \tag{5}$$

geht man zu Funktionen mit imaginärem Argument über und findet die imaginäre Periode. Gibt man der Gleichung 5 einen reellen Sinn, indem man setzt:

$$\sin\ \alpha = i\ tg\ \frac{a'}{i} = th\ a', \tag{6}$$

so erhält man den Cosinussatz der hyperbolischen Geometrie. Und es ist:

$$\alpha = \frac{\pi}{2} - \Pi\ (a'). \text{ Es folgt:}$$

$$\frac{d\ \alpha}{\sqrt{1 - k^2 \sin^2 \alpha}} = \frac{d\ a'}{\sqrt{1 + k'^2\ sh^2\ a'}}.$$

Wenn es sich um hyperbolische Funktionen handelt, sei das Zeichen Δ_1 eingeführt durch die Gleichung:

$$\Delta_1\ (a) = \sqrt{1 - k^2\ sh^2\ a} = \Delta\ (ia, ik). \text{ Dann wird:}$$

$$\Delta\ \gamma = \sqrt{1 - k^2 \sin^2 \gamma} = \sqrt{1 - k^2\ th^2\ c'} = \frac{\sqrt{1 + k'^2 sh^2 c'}}{ch\ c'} = \frac{\Delta_1\ (c', ik)}{ch\ c'} \tag{7}$$

und umgekehrt:

$$\Delta_1\ (c', ik') = \Delta\ \gamma \cdot ch\ c' = \frac{\Delta\ \gamma}{\cos\ \gamma} = \frac{\cos\ \nu}{\cos\ \gamma}. \tag{8}$$

Die Gleichungen 1 und 2 werden:

$$F_1\ (a') - F_1\ (b') = F_1\ (c'). \tag{9}$$

$$ch\ c' = ch\ a'\ ch\ b' - sh\ a'\ sh\ b'\ \Delta_1\ (c', ik'). \tag{10}$$

Je nachdem, ob Δ_1 kleiner oder größer als 1 ist, bezieht sich Gleichung 10 auf ein hyperbolisches Dreieck oder rechtwinkliges Sechseck.

(a) $$k = \frac{\sin \nu}{\sin \gamma} > 1, \text{ dann ist:}$$

$$\Delta_1 (c', ik') = \frac{\cos \nu}{\cos \gamma} = \cos \nu_1, \text{ denn der Bruch ist } < 1.$$

ν_1 ist der Winkel des hyperbolischen Dreiecks, der c' gegenüberliegt.

Das Sinusverhältnis ist:

$$\frac{\sin^2 \nu_1}{sh^2 c'} = \frac{1 - \cos^2 \nu_1}{tg^2 \gamma} = \frac{\sin^2 \nu - \sin^2 \gamma}{\sin^2 \gamma} = k^2 - 1.$$

$$\frac{\sin \nu_1}{sh\, c'} = ik'. \text{ Dieser Wert ist für } k > 1 \text{ reell.}$$

Für die Winkel der beiden Dreiecke folgt noch:

$$\frac{tg\, \nu_1}{tg\, \nu} = \frac{tg\, \mu_1}{tg\, \mu} = \frac{tg\, \lambda_1}{tg\, \lambda} = \frac{ik'}{k}.$$

Δ_1 kann positiv oder negativ, ν_1 also spitz oder stumpf sein.

(b) $$k = \frac{\sin \nu}{\sin \gamma} < 1. \text{ Dann darf man setzen:}$$

$$\frac{\cos \nu}{\cos \gamma} = ch\, n_1.$$

Da dieser Wert nur positiv sein kann, sind die Größen ν und γ selbst oder ihre Supplemente zu verwenden. Dadurch werden die Zeichen der Gleichung beeinflußt und man erhält das überschlagene oder das gewöhnliche Sechseck. Das Sinusverhältnis:

$$\frac{sh^2 n_1}{sh^2 c'} = \frac{ch^2 n_1 - 1}{sh^2 c'} = \frac{\frac{\cos^2 \nu}{\cos^2 \gamma} - 1}{tg^2 \gamma} = \frac{\sin^2 \gamma - \sin^2 \nu}{\sin^2 \gamma} = 1 - k^2 = k'^2.$$

$$\frac{sh\, n_1}{sh\, c'} = \frac{sh\, l_1}{sh\, a'} = \frac{sh\, m_1}{sh\, b'} = k'. \text{ Das ist reell für } k < 1.$$

Ebenso wird:

$$\frac{th\, n_1}{tg\, \nu} = \frac{th\, m_1}{tg\, \mu} = \frac{th\, l_1}{tg\, \lambda}.$$

Wenn man das zum ersten supplementäre sphärische Dreieck wählt, dann wird $k_1 = \frac{1}{k}$ und ν_1 ist komplementärer Parallelwinkel zu n_1. Wir haben die Möglichkeit, den Übergang vom Dreieck zum Sechseck vorzunehmen, weil $\cos \nu_1 = \frac{1}{ch\, n_1}$. Die Einzelheiten ergeben sich am besten bei Durchführung für ein bestimmtes Dreieck.

Es sei noch hinzugefügt, daß die Größen ν, ν_1 und γ sich mit einem sphärischen rechtwinkligen Dreieck aus einander konstruieren lassen oder auch aus einem hyperbolischen, wenn man γ durch c' ersetzt.

§ 4. Das sphärische Dreieck und seine hyperbolischen Bilder.

In einem sphärischen Dreieck sei der Winkel ν größer $\frac{\pi}{2}$, kleiner π und werde festgehalten. Die beiden ihn einschließenden Seiten seien kleiner $\frac{\pi}{2}$. Wie verhalten sich die zugehörigen hyperbolischen Dreiecke, wenn γ, die Gegenseite von ν, alle möglichen Lagen einnimmt? Es sei $\lambda > \mu$, aber $< \frac{\pi}{2}$.

(a) $\gamma < \pi - \nu$, dann ist:

$k > 1$ und $\left|\frac{\cos \nu}{\cos \gamma}\right| < 1$ und negativ, also ν_1 auch stumpf und $> \nu$.

Es ergibt sich also ein stumpfwinkliges Dreieck.

(b)
$$\gamma = \pi - \nu,$$
$$k = 1, \qquad \nu_1 = \pi.$$

Das Dreieck wird zur Strecke:

$$c' = a' + b'$$

und die Teile bestimmen sphärisch die Gleichung:

$$tg\,\frac{\gamma}{2} = \frac{\sin \frac{\alpha + \beta}{2}}{\cos \frac{\alpha - \beta}{2}}.$$

Die Integrale werden $\int \frac{d\alpha}{\cos \alpha}$ und $\int d\alpha'$.

(c)
$$\frac{\pi}{2} > \gamma > \pi - \nu.$$

Da $k < 1$, wird $\left|\frac{\cos \nu}{\cos \gamma}\right| > 1$. Es ergeben sich die beiden Gleichungen des überschlagenen Sechsecks:

$$ch\, c' = ch\, a'\, ch\, b' + sh\, a'\, sh\, b' \frac{\cos \bar{\nu}}{\cos \gamma},$$

wo $\frac{\cos \bar{\nu}}{\cos \gamma} = ch\, n_1$. Für ν mußte $\bar{\nu}$ gesetzt werden, da $ch\, n_1$ stets > 0 sein muß und:

$$ch\, a' = ch\, b'\, ch\, c' - sh\, b'\, sh\, c' \frac{\cos \lambda}{\cos \alpha}.$$

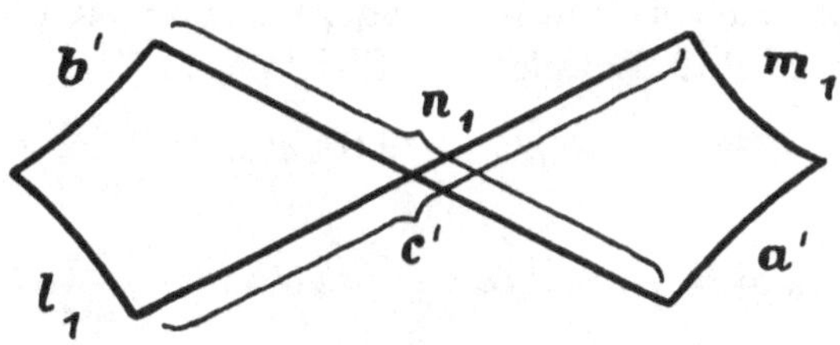

Fig. 4.

(d) Grenzfall:

$$\gamma = \frac{\pi}{2}.$$

$k = \sin \nu < 1$. n_1 und c' werden unendlich. Aus dem Satz für α folgt:

$$\cos \alpha = \sin \beta \cos \lambda, \text{ also:}$$

$$\frac{\cos \alpha}{\cos \lambda} = ch\, l_1 = \frac{1}{\sin \beta} = ch\, b.$$

l_1 und m_1 werden die Komplementärstrecken zu b' und a'.

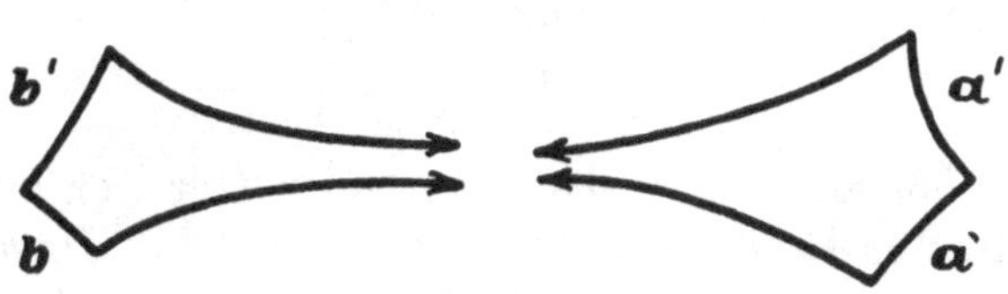

Fig. 5.

Diese Gleichung läßt noch eine andere Deutung zu, nämlich daß $a'\, b'$ und l Seiten eines rechtwinkligen Fünfecks sind ($b'\ a'\ l\ \bar{n}'\ m$), und dieses entsteht, wenn zum sphärischen Dreieck mit der Seite $\gamma = \frac{\pi}{2}$ das supplementäre mit dem Winkel $\gamma = \frac{\pi}{2}$ gewählt und der Übergang vollzogen wird. Es entsteht zugleich mit dem rechtwinkligen Dreieck und ist aus dem Fünfeck leicht abzuleiten.

(e)
$$\gamma > \frac{\pi}{2}, \text{ aber } < \nu,$$
$$k = \frac{\sin \nu}{\sin \gamma} < 1,$$
$$ch\, n_1 = \frac{\cos \bar{\nu}}{\cos \bar{\gamma}} > 1.$$

Statt γ muß der Supplementwinkel eingeführt werden, um eine Parallelstrecke zu bekommen. Dann ist auch $\bar{\nu}$ zu wählen, damit $ch\, n_1$ positiv bleibt. Es folgt die Gleichung:

$$ch\, \bar{c}' = -ch\, a'\, ch\, b' + sh\, a'\, sh\, b' \frac{\cos \bar{\nu}}{\cos \bar{\gamma}},$$
$$ch\, a' = -ch\, b'\, ch\, \bar{c}' + sh\, b'\, sh\, \bar{c}' \frac{\cos \lambda}{\cos \alpha}.$$

Das sind die Gleichungen des gewöhnlichen rechtwinkligen Sechsecks mit den Seiten $a'\ m_1\ \bar{c}'\ l_1\ b'\ n_1$.

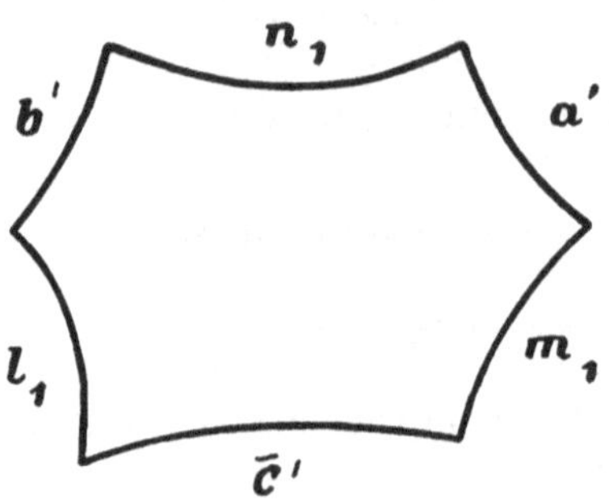

Fig. 6.

Gehen wir vom sphärischen Supplementärdreieck aus, so wird $k > 1$ und es entsteht ein richtiges hyperbolisches Dreieck.

Der Zusammenhang zwischen Dreieck und Sechseck ist so: Zum Dreieck $a\ b\ c\ \lambda\ \mu\ \nu$ gehört das Sechseck $a_1\ n'\ b_1\ l'\ c_1\ m'$ und es ist:

$$\begin{cases} ch\, n' = \dfrac{1}{\cos \nu}, \\ ch\, c_1 = \dfrac{ch\, c}{\cos \nu} \text{ usw.} \end{cases}$$

Der Zusammenhang ist also ähnlich wie zum sphärischen Dreieck, denn der ist:

$$\begin{cases} \cos \gamma = \dfrac{1}{ch\, c'}, \\[2ex] \cos \nu_1 = \dfrac{\cos \nu}{ch\, c'}. \end{cases}$$

Die Gegenüberstellung Dreieck — Sechseck enthält nicht als Spezialfall rechtwinkliges Dreieck — Fünfeck, denn sobald ein Winkel im Dreieck $\frac{\pi}{2}$ wird, werden zwei Sechseckseiten unendlich, und aus dieser Figur entsteht das überschlagene Sechseck, wenn der Winkel stumpf wird.

Wohl aber ist das Fünfeck enthalten in der Beziehung: hyperbolisches Dreieck — sphärisches Dreieck und ebenso in der zwischen hyperbolischem Dreieck und vier-rechtwinkligem Fünfeck. Die Gleichungen und Zusammenhänge werden besonders einfach, wenn man sich ganz der elliptischen Funktionen bedient.

Seien gegeben das sphärische Dreieck $\alpha\, \nu\, \beta\, \lambda\, \gamma\, \mu$, das hyperbolische $a'\, \nu_1\, b'\, \lambda_1\, c'\, \mu_1$ und das rechtwinklige Sechseck $a_1\, (= l')$ $n'_1\, b_1\, l'_1\, c_1\, m'_1$, so lauten die Gleichungen:

1. $\cos \gamma = \cos \alpha \cos \beta + \sin \alpha \sin \beta \cos \nu,$

2. $ch\, c' = ch\, a'\, ch\, b' - sh\, a'\, sh\, b' \cos \nu_1,$

3. $ch\, c_1 = sh\, a_1\, sh\, b_1\, ch\, n'_1 - ch\, a_1\, ch\, b_1.$

Hierzu die Gleichung, die in Fall 1 und 2 den Winkelsätzen entspricht:

3a) $ch\, n'_1 = sh\, l'_1\, sh\, m'_1\, ch\, c_1 - ch\, l'_1\, ch\, m'_1.$

In elliptischen Funktionen lautet 1:

4. $cn\, w = cn\, u\, cn\, v + sn\, u\, sn\, v\, dn\, w.$

2 und 3 gehen in 4 über durch die Substitutionen:

$$\text{a)} \begin{cases} ch\, a' = \dfrac{1}{cn\, u} \\[2ex] \cos \lambda_1 = \dfrac{dn\, u}{cn\, u} \end{cases} \quad \text{und} \quad \text{b)} \begin{cases} ch\, a_1 = \dfrac{1}{dn\, u}, \\[2ex] ch\, l'_1 = \dfrac{cn\, u}{dn\, u}. \end{cases}$$

Aus 3 und b folgt:

$$\frac{1}{dn\, w} = \frac{k^2\, sn\, u\, sn\, v}{dn\, u\, dn\, v} \cdot \frac{cn\, w}{dn\, w} - \frac{1}{dn\, u\, dn\, v}.$$

5. $dn\, u\, dn\, v = k^2\, sn\, u\, sn\, v\, cn\, w - dn\, w.$

Und aus 3a:

$$\frac{cn\,w}{dn\,w} = -\frac{sn\,u}{dn\,u}\,\frac{sn\,v}{dn\,v}\,k'^2\,\frac{1}{dn\,w} - \frac{cn\,u\,cn\,v}{dn\,u\,dn\,v}$$

oder:

$$6.\quad cn\,w\,dn\,u\,dn\,v = -sn\,u\,sn\,v\,k'^2 - cn\,u\,cn\,v\,dn\,w,$$

denn:

$$sh\,l'_1 = \sqrt{ch^2\,a_1 - 1} = \sqrt{\frac{cn^2\,u}{dn^2\,u} - 1} = \frac{sn\,u}{dn\,u}\,ik'.$$

Und durch Einsetzen von 5 in 6:

$$sn\,u\,sn\,v\,(k^2\,cn^2\,w + k'^2) = dn\,w\,(cn\,w - cn\,u \cdot cn\,v).$$

Da die Klammer links gleich $dn^2\,w$, so folgt endlich wieder Gleichung 4.

Um auch Gleichung 2 in 4 überzuführen benutzen wir Substitution a, die ohne weiteres das gewünschte liefert.